新疆是个好地方

浩瀚沙漠

本书编委会　编

U0213344

新疆科学技术出版社

图书在版编目（CIP）数据

浩瀚沙漠 / 本书编委会编. -- 乌鲁木齐 : 新疆
科学技术出版社, 2022.7

（新疆是个好地方）

ISBN 978-7-5466-5205-4

Ⅰ.①浩… Ⅱ.①本… Ⅲ.①沙漠 – 介绍 – 新疆
Ⅳ.①P942.450.73

中国版本图书馆CIP数据核字(2022)第127126号

总　策　划：李翠玲
执行策划：唐　辉　孙　瑾
项目执行：顾雅莉
统　　筹：白国玲　李　雯
责任编辑：白国玲
责任校对：欧　东
装帧设计：邓伟民

出　　版：新疆科学技术出版社
地　　址：乌鲁木齐市延安路255号
邮政编码：830049
电　　话：（0991）2866319（fax）
经　　销：新疆新华书店发行有限责任公司
印　　刷：上海雅昌艺术印刷有限公司
版　　次：2022年8月第1版
印　　次：2022年8月第1次印刷
开　　本：787毫米×1092毫米　1/16
字　　数：152千字
印　　张：9.5
定　　价：48.00元

编委名单

主　　编：张海峰　沈　桥

撰　　稿：李　莉

特约摄影：晏　先　沈　桥　雅辞文化

摄　　影：（排名不分先后）

　　　　　鱼新明　马庆中　姜泽基　王汉冰

　　　　　马文忠　蒋秋林　宋永川　杨文明

　　　　　刘　焱　吾尔开西　薛清涛

　　　　　（如有遗漏，请联系参编单位）

参编单位：新疆德威龙文化传播有限公司

　　　　　新疆雅辞文化发展有限公司

扫一扫带你领略大美新疆

　　"大漠孤烟直，长河落日圆。"唐代诗人王维描写大漠风光的千古名句，让多少人对浩瀚沙漠心驰神往。

　　新疆维吾尔自治区的面积占中国陆地总面积的六分之一，而沙漠面积约占新疆总面积的四分之一，新疆分布的沙漠数量占到了全国沙漠总数的60%。来新疆，不可错过的游览项目之一，就是沙漠游。

　　"三山夹两盆"构成了新疆大地的格局，天山山脉横亘中部，将新疆分成了南疆和北疆；两大沙漠塔克拉玛干沙漠、古尔班通古特沙漠分别坐落于南疆的塔里木盆地和北疆的准噶尔盆地之中。

▼ 尉犁国家沙漠公园

地处塔里木盆地腹心的塔克拉玛干沙漠，是世界第二大流动沙漠，也是中国最大的沙漠。这里曾经是古丝绸之路的必经之地，绿洲丰美，商贾不绝。曾经的荣耀与繁华如今都被漫漫黄沙掩埋。

▼ 浩瀚沙漠

▲ 冬日里的沙漠

　　近年来，随着楼兰古城、小河墓地等一系列震惊世界的考古发现，沙漠探险蓬勃兴起，让沉寂了千年的塔克拉玛干沙漠成了奇幻与传奇之地。

　　北疆的古尔班通古特沙漠，是我国面积最大的固定、半固定沙漠，曾被《中国国家地理》评选为中国最美沙漠之一。这里有寸草不生、一望无际的沙海黄浪；还有被风沙雕刻成树枝状的巨型沙垄，仿佛沙漠的血脉，令人震撼；也有梭梭成林、红柳盛开、胡杨葱茏、鸟儿欢唱的绿岛风光。每年春季，消融的冰雪滋养了古尔班通古特沙漠的植被，让这里草绿花美，生机勃勃。

　　目前，新疆已有36个国家沙漠公园，是全国沙漠公园最多的省区。本书将按照由北向南的地理顺位，撷取8个最具代表性的新疆沙漠景区景点，带领读者通过阅读文字、图片，扫描二维码观看视频，感受大漠的神奇与辽阔，领略千面沙漠的万种风情。

▲ 沙漠与湿地

CONTENTS

目　录

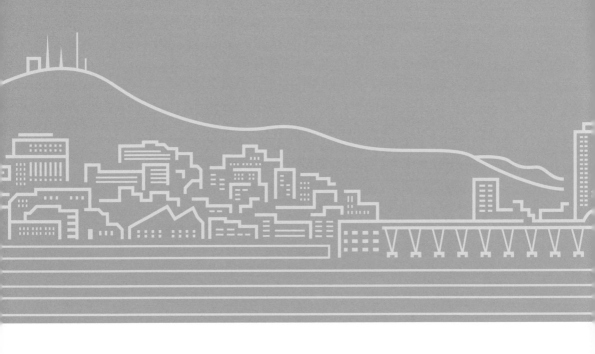

→ 与城市零距离接触的沙漠

库木塔格沙漠是世界上距离城市非常近的沙漠,有多近?沙漠直接和城市相连。站在鄯善老城向南望去,金色的大漠雄浑苍凉,千百年来与绿洲长相厮守,犹如忠诚的恋人,给人无尽的遐想。

库木塔格
国家
沙漠公园

扫一扫带你领略大美新疆

🔺 沙漠与城市相连

▲ 古丝路记忆

库木塔格沙漠位于吐鲁番盆地东缘，与鄯善老城东环路南段相连，是世界上少有的与城市零距离接触的沙漠。

库木塔格沙漠是塔克拉玛干沙漠的一部分。来自天山七角井风口和达坂城风口的狂风，挟带大量沙尘，最后在库木塔格地区沉积，形成了库木塔格沙漠。因千百年来风向交汇点始终在鄯善老城南端，从未向北移动，故未把鄯善城掩埋，形成了世界罕见的"沙不进、绿不退、人不迁"奇观。

库木塔格沙漠景区是集科考、探险、沙地运动、沙疗保健、大漠观光于一体的国家4A级景区，也是目前新疆沙漠旅游开发度最高的一个景区，非常适合家庭游、亲子游。

◀ 沙漠古驿站

　　虽然是沙漠，库木塔格的四季也是风光不同的。春季，沙漠边缘的胡杨、柳树纷纷抽出绿芽，偶见一两枝清丽的杏花，映着沙漠的背景，显得愈发娇艳。夏季，葡萄长廊给游人带来绿荫和清凉，沙湖里盛开的荷花亭亭玉立，与黄沙交织。秋季，天高云淡，沙山金黄，满目皆是诗意。冬季，偶有一两场雪光临大漠，洁白的薄雪覆盖在金色的砂砾上，给沙漠披上了一件素雅的衣裳。

雪景·沙海

▲ 落日

◀ 余晖

▲ 冬日

　　库木塔格沙漠中沙山连绵起伏，线条似海浪般柔美。每当旭日东升或是夕阳西下时，大自然的神奇光影让库木塔格美得如诗如画。在沙山上拍摄一幅充满意境的人像剪影，绝对是旅途中的一大收获。

▲ 沙漠边缘的绿洲

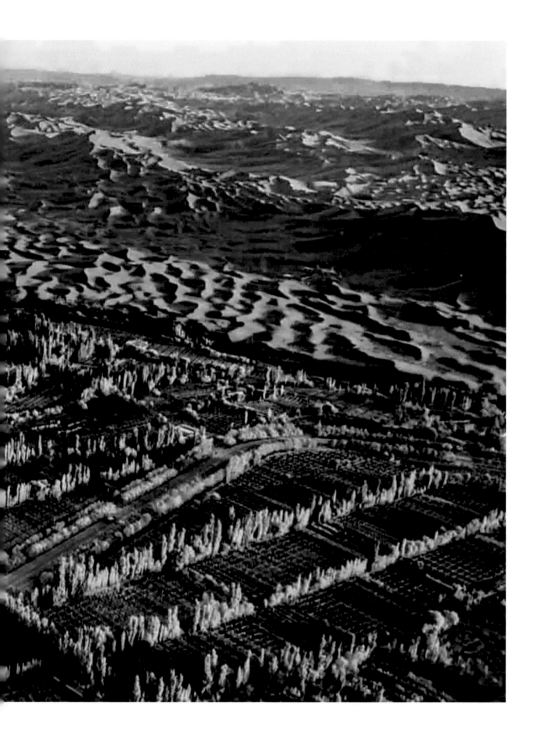

▲ 沙疗

▲ 沙雕

浩瀚 **沙漠**

→ 风情如画

进入库木塔格沙漠景区后，游客可乘坐观光小火车前往沙湖、儿童乐园、欢乐沙谷、自驾营地、CS基地、沙漠植物园、沙雕区等景点。

乘坐越野车在高低起伏的沙山上驰骋，巨大的落差，能让你体验"速度与激情"；乘坐动力三角翼在沙漠上空飞翔，能让你感受天高任鸟飞的自由自在。

游客可以骑上骆驼，在沙海中漫步；还可以坐滑沙板，爬沙山，观沙雕，乘热气球。春夏秋三季，游客们还可以欣赏到鄯善县歌舞团表演的《夜·楼兰》露天歌舞晚会。晚会结束，围着熊熊篝火，天南海北的朋友一起载歌载舞，尽情欢乐。

接着就是大漠露营了。库木塔格沙漠景区专门在沙漠腹地修建了宿营基地。这里餐厅、商店、浴室、冲水式厕所等设施一应俱全，你尽可以在星空之下，大漠之中，许下难忘的星愿心语。

来到库木塔格沙漠，沙疗是不可错过的旅游项目。沙漠盛夏地表温度高达80摄氏度，沙疗对各种风湿性疾病及腰酸背疼、关节炎、关节疼痛等具有神奇的效果。

沙漠景区还会不定期举办沙漠旅游文化节、音乐节、火锅节等丰富精彩的文旅活动，为沙漠之旅增加更多乐趣。

▲ 星空下“环塔”车手的坐骑

△ 沙漠卡丁车赛

沙漠骆驼

▲《夜·楼兰》晚会及民俗活动组图

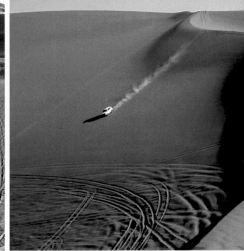

△ 车辙

浩瀚 **沙漠**

▲ 越野车极限运动

⊙ "刷锅"

　　库木塔格沙漠有三个神秘的大"锅坑"，它们是"好汉锅""英雄锅""双子锅"。驾车"刷锅"，大起大落，惊险刺激。

　　"好汉锅"直径大概2000米，锅底深五六百米。"英雄锅"深度约150米，直径有500米。

　　有些越野发烧友将越野车开到锅底，然后加大油门直冲锅沿，汽车狂奔，不断加速，掀起漫天沙雾，非常壮观，被称之为"刷锅"。

　　"好汉锅"是历届沙漠越野赛和越野发烧友进库木塔格沙漠必然挑战的地方。据说，有人耗尽整整一箱汽油，也没能把车从"英雄"锅底开上来！

▲ 沙漠越野

▲ 戈壁奇石　　　　　　　　　　　　▲ 奇石店的陈列

捡奇石

　　鄯善是新疆的奇石产地之一，尤以玛瑙、戈壁玉、沙漠玫瑰、风凌石等奇石出名。如果喜欢收藏奇石，你可以乘坐越野车深入库木塔格沙漠腹地，很有可能会收获满满的惊喜。

海市蜃楼

　　夏季气温较高时，库木塔格沙漠会出现海市蜃楼奇观。沙漠上会出现一片湖面，湖面上波光粼粼，仿佛还有驰骋的汽车、飞翔的鸟儿、极具特色的蒙古包……

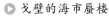 戈壁的海市蜃楼

神秘的"大脚印"

在库木塔格沙漠风景区，乘坐直升机或热气球翱翔时，向南俯看大沙梁外5千米处，一个神秘的"大脚印"定会令人惊叹不已。"大脚印"呈黄褐色，长约5千米，宽约3千米，脚跟在东，脚趾在西，造型厚重有力。

当地人施展了丰富的想象力：据说齐天大圣孙悟空踢翻太上老君的炼丹炉，点燃火焰山后逃跑时，一只脚踏在库木塔格沙漠，留下了神秘的大脚印；另一只脚踏在吐鲁番西南，踏出了低于海平面155米的艾丁湖。

📍 千泉沙湖

　　沙泉区位于库木塔格沙漠西南侧，走进这个绿色的林带，只见到处流淌着清冽的泉水：迎客泉、蝴蝶泉、响沙泉、金勺泉……炎炎夏日，一走进这片沙泉区，清凉之气扑面而来。

　　迎客泉前方一汪蓝色的湖水，就是"千泉沙湖"了。千泉沙湖，顾名思义，是由上千个泉眼所组成的湖泊。湖虽然不大，却与沙漠相连，湖水从沙砾下渗出，沙漠边缘的葡萄地漠却从不掩埋沙湖，非常神奇。

▼ 千泉沙湖

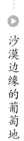
沙漠边缘的葡萄地

🔍 城乡寻味

　　"哈密瓜"享誉全国，但"哈密瓜"的真正原产地不是哈密，而是鄯善，鄯善也是无核白葡萄的真正故乡。除了甘甜爽口的瓜果，鄯善独具特色的美食也令人垂涎。

　　在库木塔格沙漠畅游之后，在鄯善县城寻觅烤肉、抓饭、拌面、烤包子、大盘鸡、椒麻鸡、曲曲儿、豆豆面、烤鸡爪、手抓羊肉、黄面烤肉等美食，再搭配上卡瓦斯、手工酸奶等新疆特色饮品，会让"吃货"们大呼过瘾，旅途中的劳顿随之烟消云散。

▶ 鄯善美食组图

库木塔格沙漠星空酒店的客房像一座座蒙古包，散落在沙海中。15间客房身披沙漠迷彩外衣，房间里水、电、暖、洗手间、淋浴器一应俱全。酒店同时还配备了不同规格，能自由搭建的帐篷，可满足游客的多元住宿需求。

　　夜宿沙漠星空酒店，可以夜观璀璨星河，赏沙漠日出日落，还可以参加篝火歌舞晚会，美妙的沙漠体验会让你一生回味。

▶ 星空下露营

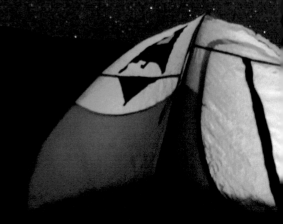

→ 写进诗歌的沙漠

驼铃梦坡
国家
沙漠公园

"攀登高峰望故乡/黄沙万里长/何处传来驼铃声/声声敲心坎……"这首旋律优美的《梦驼铃》家喻户晓，新疆的驼铃梦坡沙漠公园也声名日隆。

"驼铃梦坡"这个充满诗意的名字源自中国台湾诗人徐望云。徐望云于1992年年初到新疆石河子旅游，在古尔班通古特沙漠的农垦区内住了两天。恰逢当地政府有意在沙漠边缘开辟一个沙漠公园，商议的结果是用徐望云提出的"驼铃梦坡"为该旅游景点命名。

扫一扫带你领略大美新疆

🔺 沙漠驼铃

🔺 驼铃梦坡

🔺 沙山廓亭

▲ 沙漠公园正门

→ 山河百色

　　驼铃梦坡沙漠生态旅游景区位于准噶尔盆地，古尔班通古特沙漠南缘的新疆生产建设兵团第八师150团所在地，南距石河子市97千米。这里沙丘连绵、沙浪起伏，是一个一望无垠的原生态沙漠世界。

🔺 盐碱卫士——猪毛菜

　　驼铃梦坡沙漠公园，是一座天然的荒漠植物园、动物园。

　　挺拔的胡杨，沁人心脾的沙枣花，羽叶飘逸的三芒草，有药用价值的大黄、大芸、黄芪……在这里还生活着众多的国家级保护动物：野驴、野猪、黄羊等。它们共同组成了一幅色、味、声、相并茂的大自然景观。

沙漠人参——大芸

△ 黄羊

△ 野驴

▲ 鹰

→ 风情如画

考古研究发现，自汉代以来，驼铃梦坡沙漠公园景区所在地曾经是游牧地、古战场、古屯田地。景区开发时，人们在这里还发现了石斧、军令符、古铜币、古陶器残片等。爱好历史的游客，可以在这里尽情展开思维的翅膀，想象曾经金戈铁马、兵甲奔驰的古战场场景。

→

盛装骑骆驼 ▶

🔺 沙漠摩托车

　　在驼铃梦坡沙漠景区，游客可以爬沙丘、涉沙海，进行徒步探险；也可以骑上"沙漠之舟"——骆驼，在清悦的驼铃声中，体味大漠的古老雄浑。

　　这里还开辟了区间小火车、沙滩摩托车、越野吉普车、沙海明珠观光塔，以及观看沙漠日出日落等游玩项目，节庆时会举行民俗表演活动。若有兴致，还可以就地夜宿特色蒙古包，或约三两好友，尝试户外露营。

🔺 沙漠自驾

🔺 滑翔翼

▲ 烤全羊

景区里当然有各种新疆特色美食，烤包子、薄皮包子、拉条子、烤全羊、手抓羊肉、抓饭、马奶子酒等，让你目不暇接，食指大动。欣赏着大漠风光，感受新疆人大口吃肉、大口喝酒的豪爽，一定是旅途中难以忘怀的记忆。

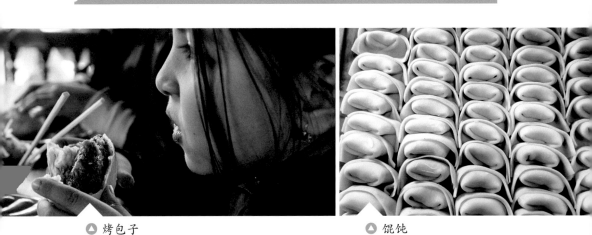

▲ 烤包子　　　　　　　　　　　　　　　　▲ 馄饨

▲ 军垦第一犁纪念雕塑

游览完驼铃梦坡沙漠景区之后，可顺路到石河子市一游。石河子有"戈壁明珠""中国诗歌之城"的美誉，曾经是新疆生产建设兵团总部所在地。

在石河子，可以参观游览周恩来总理纪念碑、新疆兵团军垦博物馆、艾青诗歌馆等景点，感受祖国西北边陲独有的军垦文化。

▲ 军垦纪念碑

▲ 军垦文化广场上的军垦之剑

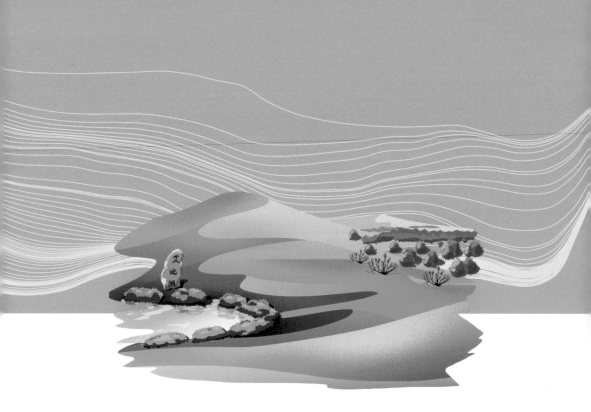

→ 随风游移的沙漠

木特塔尔
国家
沙漠公园

精河木特塔尔沙漠是准噶尔盆地最大的流动沙漠。在定向风的作用下，随着时间的推移，沙漠的位置变化不定，沙漠公园不断迁移。

扫一扫带你领略大美新疆

🔺 甘家湖梭梭林保护区

木特塔尔国家沙漠公园位于精河县托托镇东北部。沙漠距县城60千米，东北部紧靠甘家湖梭梭林自然保护区，西南部被艾比湖湿地保护区环绕。

这片沙漠总面积3万公顷，具有沙漠—荒漠—绿洲的复合型地貌，是准噶尔盆地最大的流动沙漠。

木特塔尔沙漠内野生动物种类繁多，次生林植被丰茂。静心坐在沙丘上，仔细观察四周，就会发现有不知名的小小植物随风摇摆，也有不知名的小虫悄然快速爬过。这些蓬蓬勃勃的生命让寂静的沙漠充满了生机和活力。

△ 沙漠动植物

→ 风情如画

由于木特塔尔沙漠紧挨着甘家湖梭梭林自然保护区、艾比湖湿地保护区，为保护生态环境，平时除了一些科学考察活动之外，沙漠公园不对公众开放。

但为了合理开发利用沙漠资源，当地政府会选择合适的地带，不定时举办沙漠文化旅游节。届时，游客除了可以进入木特塔尔沙漠中，近距离观看沙漠汽车越野拉力赛外，还可以欣赏到精河县风光摄影、民间刺绣、民族手工艺品等民俗文化产品。

 艾比湖湿地

🔺 艾比湖湿地公园组图

▲ 冲沙

　　在木特塔尔沙漠文化旅游节上，游客可以看到来自全疆各地的几十个车队百余辆越野车鏖战瀚海。

　　蓝天白云之下是绵延起伏的黄色沙丘，有人坐在滑沙板上直冲而下，有人跑跑跳跳、摆拍照相。在纯净的沙漠世界里，人们开怀大笑，瞬间找回了童趣。

△ 采摘枸杞

△ 枸杞

精河县有"中国枸杞之乡"的美誉，日照长、昼夜温差大，再加上碱性沙化砂质土壤和天山冰雪融水灌溉，使得精河县出产的枸杞色泽鲜红、营养丰富，是游客最喜爱的"新疆礼物"之一。

烤全驼是这里的顶极美味，只有当地举办文旅活动时才能有幸品尝。

▶ 小海子

精河县有新疆最大的咸水湖艾比湖；有安阜城遗址、查干莫墩石人等古丝绸之路文化遗存；还有风景如画的巴音阿门自然风景区、"空中草原"都拉洪、大小海子等景区景点，都很值得一游。

精河有不少酒店与农家乐，既经济又实惠。

N39°

→ 北纬39°的荣耀

◉
麦盖提
沙漠公园

北纬39°（N39°）在越野界赫赫有名，这是一条殿堂级难度的路线，曾经是不可征服的代名词。

N39°线是指横穿塔克拉玛干沙漠腹心地带的最长轴，它西起麦盖提县，东至若羌县，整个行程1500千米，驾车行驶难度极大。

2016年，麦盖提县围绕"北纬39°线路"，打造了占地面积为473.6公顷的N39°塔克拉玛干沙漠特种探险旅游项目。

扫一扫带你领略大美新疆

▲ 沙漠胡杨

→ 山河百色

　　麦盖提国家沙漠公园位于喀什地区麦盖提县,面积6400公顷。N39°国际沙漠旅游区就在这座公园中，位于麦盖提县库木库萨尔乡吐孜鲁克喀什村，距离麦盖提县城30多千米。

　　N39°国际沙漠旅游区是典型的塔克拉玛干沙漠样貌，苍茫天穹之下的沙漠无边无际，如同浩瀚的金色海洋。沙丘类型复杂多样，复合型沙山和沙垄宛若憩息在大地上的条条巨龙；塔型沙丘群，呈蜂窝状、羽毛状、鱼鳞状等，变幻莫测。

　　游客可乘坐越野车，翻越沙山去往沙漠腹地，途中会看见绵延十几千米的沙漠胡杨林，感受生生不息的胡杨精神。

→ 风情如画

　　N39°沙漠国际沙漠旅游区，按照"一心五区"进行功能布局，打造以塔克拉玛干沙漠自然资源为核心吸引点，以N39°探险文化、刀郎文化为特色，以沙漠休闲体验为重点，是集观光、休闲、体验旅游为一体的沙漠旅游目的地。

　　麦盖提县专门建立了塔克拉玛干沙漠探险纪念馆，展出了历代探险家的探险事迹，以及相关的文物、资料等。这里是游客绝不会错过的"打卡地"。

🔺 沙漠探险纪念馆——刀郎画手

人力旋转的秋千——萨哈迪

◀ 骑骆驼

　　1895年，瑞典人斯
文·赫定提出了从最长轴穿
越塔克拉玛干沙漠的设想，
并率队从麦盖提县库木库萨
尔乡吐孜鲁克喀什村出发进
入N39°沙漠，但最终因为
迷路和物资缺乏铩羽而归。

　　后来斯文·赫定在回忆
录中描述，这是他一生中最
艰难的一次探险。

▲ 人类的脚步从未停止探寻

中英科考团徒步穿越塔克拉玛干沙漠

△ 沙漠·驼队

△ 刀郎舞·烤鱼

△ 沙漠旅行

塔克拉玛干沙漠穿越

麦盖提县有着"中国刀郎麦西来甫之乡""中国刀郎木卡姆之乡"和"中国刀郎农民画之乡"的称号。刀郎文化，是该县具有地理标志性的区域特色文化。

刀郎木卡姆是国家级非物质文化遗产，刀郎麦西来甫是"刀郎人（居住在多浪河边的维吾尔族人）"的灵魂乐舞；刀郎农民画浓烈丰富的色彩彰显了画手内心对生活的热爱，享誉全国。

麦盖提县是全国唯一一个被沙漠环绕的县城，勤劳的当地百姓在这里创造了人进沙退的奇迹。

独特的光热条件，造就了红枣甘甜的口感，为麦盖提赢得了"红枣之都"的美誉。无论是红枣、刀郎馕，还是刀郎羊肉，都是不可错过的美味。

🔺 沙漠边缘的乡村绿化

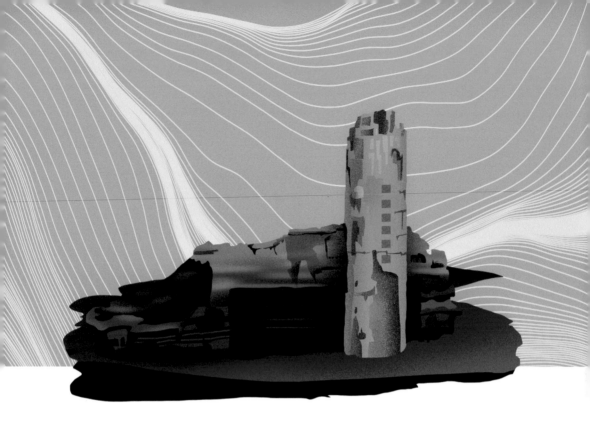

→ "恐龙故里"

◉

硅化木
国家
沙漠公园

在奇台硅化木国家沙漠公园，最吸引游客的不是大漠奇景，而是难得一见、蔚为壮观的硅化木群和恐龙化石。

新疆奇台的硅化木形成于侏罗纪时代，以分布集中、数量和规模巨大、保存完整而著称，是世界上最壮观的硅化木群之一。

恐龙沟和硅化木园同处一片荒漠戈壁，相距仅5千米，恐龙沟内埋藏着极为丰富的恐龙化石，是天然的恐龙博物馆，堪称"恐龙故里"。

在恐龙沟曾发掘出了身长超过34米、身高10余米的卡拉麦里龙，"亚洲第一龙"马门溪龙等。

扫一扫带你领略大美新疆

硅化木

⏶ 硅化木林

→ 山河百色

　　奇台硅化木国家沙漠公园地处古尔班通古特沙漠的东南部，位于昌吉回族自治州奇台县北部沙漠史前文化观光区，公园占地面积3600公顷，距离奇台县城大约150千米。

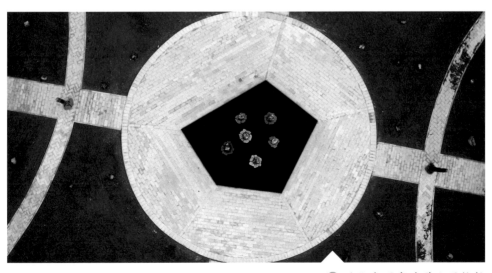

⏶ 硅化木国家沙漠公园航拍

硅化木国家沙漠公园完整保留了生长在1.4亿年前侏罗纪时代的银杏、红杉等树木的树干和树根化石，其上的树皮、年轮都极其清晰。

　　这里还有揭示准噶尔地区变迁史的古生物化石群落，有造型奇特的雅丹地貌……置身其中，亿万年的沧海桑田会让游客浮想联翩。

▲ 硅化木国家沙漠公园

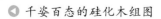 千姿百态的硅化木组图

▲ 鱼化石

▲ 鱼化石

▲ 龟化石

→ 风情如画

除了在沙漠体验区滑沙、乘坐越野车、摄影、观光，游客还可以游览人进沙退纪念点，感受哈萨克民族风情。

奇台县的小麦品质闻名全国，面食品种也非常丰富，其中的奇台拌面可谓名冠全疆。

过油肉拌面、黄面烤肉、羊肉焖饼子、拨鱼子，被称为奇台美食四宝，还有奇台四大名汤——氽汤、鸡蛋汤、拌汤、豆腐汤。

奇台民族特色小吃非常丰富，有油香、粉汤、丸子汤、抓饭、烤肉、那仁、奶茶、手抓肉、古城臊子面、浇汁夹沙、油果子等美食。

▲ 江布拉克麦田

▲ 小麦手工面剂子

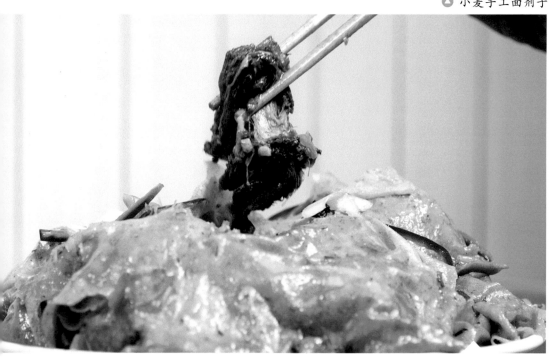

▲ 羊肉焖饼子

▲ 奇台美食展组图

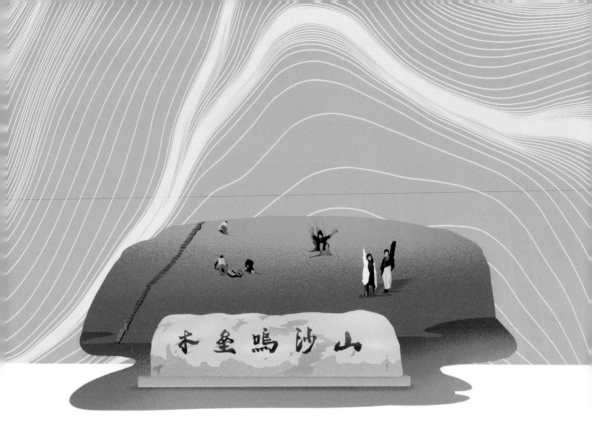

→ **会唱歌的沙漠**

鸣沙山
国家
沙漠公园

当人们从木垒鸣沙山上顺势滑下时，脚下流沙如浪，耳边轰鸣作响，"鸣沙山"由此得名。

扫一扫带你领略大美新疆

沙脊上的旅人

▲ 鸣沙山

鸣沙山国家沙漠公园在昌吉回族自治州木垒哈萨克自治县境内，位于准噶尔盆地南缘，古尔班通古特沙漠东边。

▲ 鸣沙山航拍

→ 山河百色

　　鸣沙山国家沙漠公园的沙丘连绵起伏，线条优美流畅。在风的作用下，山上的沙粒自然形成了一道道波浪，随着风向缓缓推进。

　　距离鸣沙山30余千米处，就是公园里的胡杨林景区，据说本垒胡杨林至少有6500万年的历史。胡杨林千姿百态，与沙海互为依存，展示着"沙漠英雄树"顽强不屈的精神。

△ 沙浪

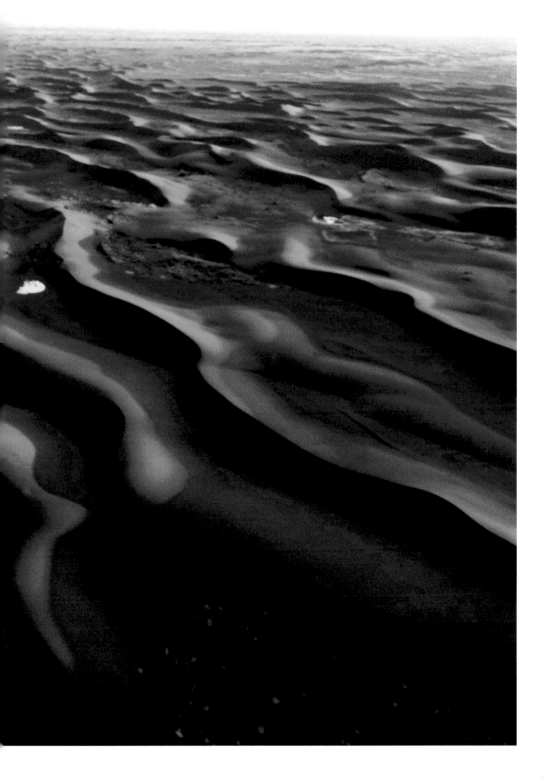

🔺 胡杨组图

▲ 胡杨

人们发现在鸣沙山滑沙时，由于沙体流动，会发出犹如飞机群掠过时发出的巨大响声，非常震撼。游客们坐在滑沙板上，结伴从沙丘顶峰下滑，涌动的流沙顺势而下，响声大作，时高时低，时急时缓，犹如一首交响曲，在连绵起伏的沙海上空回荡。

▲ 沙漠卡丁车

▲ 滑沙

木垒羊肉驰名全国。木垒羊以天然的牧草为饲料，四季饮用天山雪水，其肉风味独特，无论是清炖羊肉还是烤羊肉、羊肉焖饼子，都无比美味。

　　据不完全统计，在乌鲁木齐挂"木垒烧烤"牌子的餐饮店就有500多家，招牌就是烤羊肉，可见木垒羊肉的受欢迎程度。

▲ 木垒烤羊肉

▲ 月亮地村

▲ 月亮地村

在距离木垒鸣沙山国家沙漠公园不到200千米的地方，有一个空气清新、风景如画的美丽乡村——月亮地村。

由于保存有较为完整的传统农耕村落，月亮地村被收入"中国传统村落""中国美丽休闲乡村"名录。至今村里仍保留着百余年前的全框架"木结构拔廊房"建筑群、传统民俗，古朴的村庄散发着浓厚的乡土文化气息。

蓝月亮客栈、闫老五客栈、月亮人家……目前全村有农家乐、民宿30多家，每家都各具特色。

在村里，游客还可以品尝到"曲儿香"手工醋、手工挂面、手工土豆粉条、手工胡麻油、风干馍馍等传统方法制作的美食。

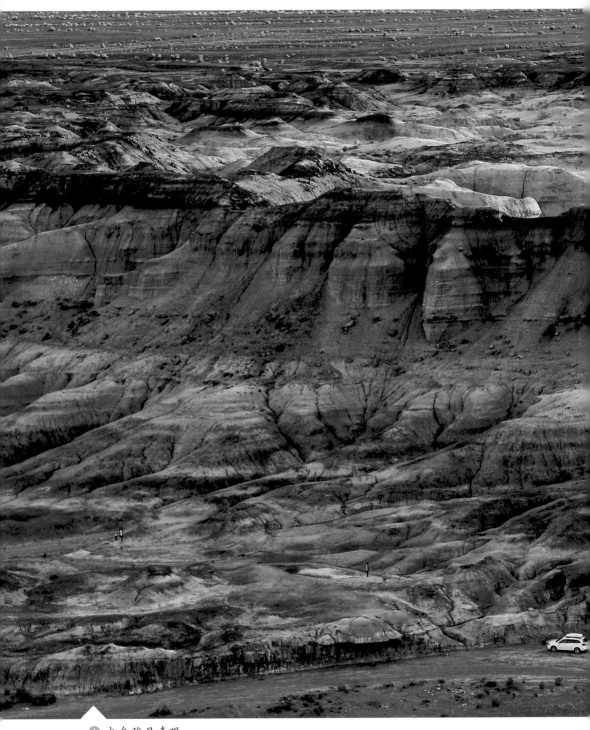

木垒雅丹奇观

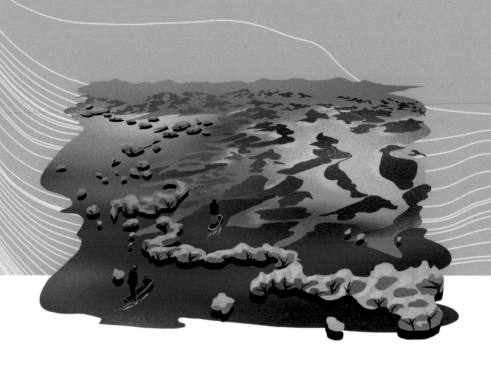

→ 航拍最美的沙漠

尉犁国家
沙漠公园

金秋时节，是尉犁国家沙漠公园最美的季节。塔里木河碧波潋滟，原始胡杨林在沙海与碧波中熠熠生辉，似乎讲述着古丝路的传奇。自然风光与人文景观交相辉映，让这里成为全国知名度最高的沙漠风景区之一。

扫一扫带你领略大美新疆

🔺 尉犁国家沙漠公园航拍组图

沙漠公园

→ 山河百色

尉犁国家沙漠公园位于巴音郭楞蒙古自治州尉犁县境内，面积2000公顷。

这里是看胡杨的绝佳之地。深秋时节，胡杨林海掀起层层金色波涛，沿着蔚蓝的塔里木河一直伸向茫茫天际，壮阔而秀美，简直是一幅天然奇景。

位于沙漠公园里的罗布人村寨景区是国家4A级景区，集沙漠、胡杨、河流、湖泊于一体。塔里木河与渭干河在此交汇，形成了大大小小上百个海子（湖泊），碧波荡漾，楚楚动人，温柔了整个沙海。

△ 罗布人婚礼

→ 风情如画

　　沙漠深处最后的罗布人（居住在罗布泊的维吾尔族人），被称为"罗布泊活化石"，他们生活居住的罗布人村寨，则被称为"沙漠里的世外桃源"。罗布人"不种五谷，不牧牲畜，唯以小舟捕鱼为食"。令人惊奇的是，罗布人中不乏寿星，八九十岁依然是好劳力，一百多岁还精神矍铄。在长寿茶园景点，游客可以看到一些鹤发童颜的老人在认真地制作木质工艺品。

　　尉犁县是古丝绸之路的必经之地，沙漠中散布着墓地、烽燧和古城遗址。游客可前往罗布淖尔博物馆，了解这些文化遗迹。

　　沙漠公园也有三角翼、骑骆驼、沙滩排球等旅游项目，可供游客选择。

▲ 三角翼

▲ 大漠叼羊

▲ 赛骆驼

▲ 骑骆驼

▲ 游船

🔺 斗鸡

🔺 沙滩排球

▲ 罗布人捕鱼

　　将胡杨树劈开两半，制作而成的小舟，叫作"卡蓬"，是早年罗布人打鱼的重要工具。游客可乘坐卡蓬，体验一下神奇的"海子捕鱼"；也可以和罗布人村寨中的老寿星合影留念，沾沾他们健康长寿的福气。

△ 罗布人烤鱼

别具风味的罗布烤鱼曾在《舌尖上的中国》《风味人间》《新疆味道》等多部美食纪录片中出现。

罗布人把从河里打上来的新鲜鲤鱼处理干净后，从中间剖开，穿在红柳制成的木签上烤制。罗布人说："吃烤鱼，就热馕喝鱼汤，是神仙般的日子。"

▲ 烤全羊

▲ 新式马车

▲ 罗布麻花

浩瀚沙漠

→ 喀什"后花园"

达瓦昆国家沙漠公园

岳普湖县被誉为"中国沙漠风光旅游之乡",而有着沙水并存独特景观的达瓦昆国家沙漠公园,则被称为喀什"后花园"。达瓦昆湖位于塔克拉玛干大沙漠的边缘,背倚绿洲,三面被广袤无垠的大沙漠所包围。

沙漠公园里碧波荡漾的湖水与连绵起伏的沙丘相连,温婉柔美与苍凉古朴相映,给游客带来非同一般的观赏体验。

扫一扫带你领略大美新疆

△ 布力曼库木沙漠

→ 山河百色

达瓦昆国家沙漠公园位于喀什地区
岳普湖县铁力木乡，距310省道6千米，
距喀什市110千米，交通便捷。

▲ 达瓦昆湖

达瓦昆国家沙漠公园内湖泊面积约133公顷，湖岸边就是面积约2000公顷、沙丘起伏的布力曼库木沙漠。

公园里内沙水相连，波光粼粼的湖面上船影点点，绵延起伏的沙丘上既有骆驼也有越野车，游客的欢声笑语打破了沙漠中亘古的沉寂。

▲ 沙水共存

→ 风情如画

　　沙漠公园开发了沙漠驼队、沙漠探险、沙疗、游艇、滑沙、垂钓、沙滩排球、少数民族特色农家乐，以及民族歌舞、赛马、叼羊等旅游项目。

　　在体验过紧张刺激的沙漠冲浪后，来到幽静恬美的达瓦昆湖边漫步，可使游客顿感舒缓惬意、心旷神怡。

 长辫子比赛

△ 斗羊

🔺 骑着盛装骆驼的旅人

🔺 赛骆驼

🔺 盛装驼队

达瓦昆湖一角

△ 沙漠车

架子肉、缸子肉、烤南瓜、米肠子

△ 夜市烤肉摊

在达瓦昆景区里，游客可以品尝到立体羊排烤肉、架子肉、红柳烤肉、烤鸡、烤鱼、达瓦昆拌面、烤包子、蒸羊羔肉、南瓜包子、苞谷馕、苞谷汤面等几十个品种的特色美食。

岳普湖县是"中国优质甜瓜之乡"，来到岳普湖，绝对不能错过甘甜如蜜的甜瓜。

甜瓜 ▶

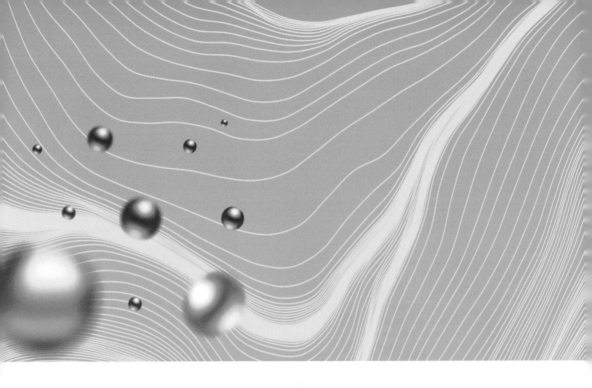

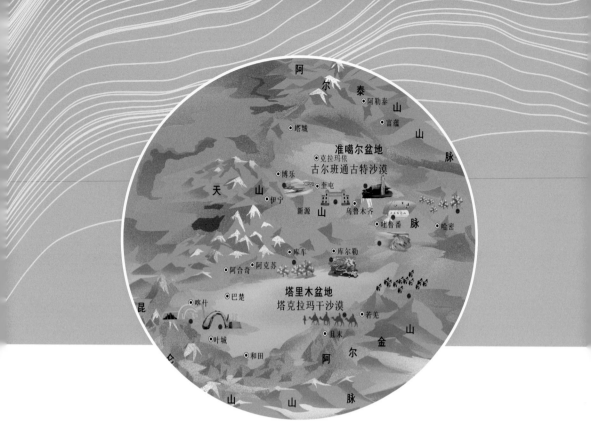

→ 新疆的沙漠

新疆的沙漠绝不止于此！来新疆吧，置身真正的大漠，你会收获得更多惊喜……

新疆的
沙漠
不止于此

扫一扫带你领略大美新疆

阿尔金山自然保护区中沙漠与湿地

和田沙漠公路

昌吉梭梭林保护区

轮台沙漠公路

▲ 且末的沙与河

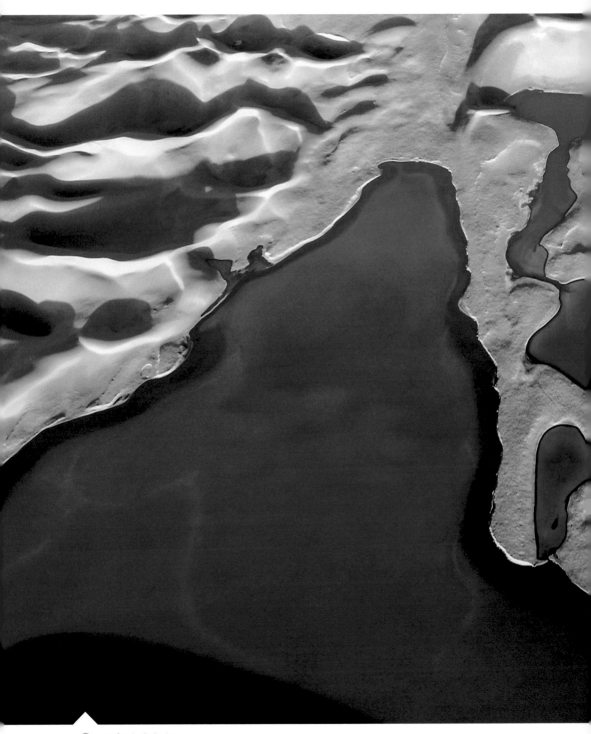

▲ 且末的沙与河

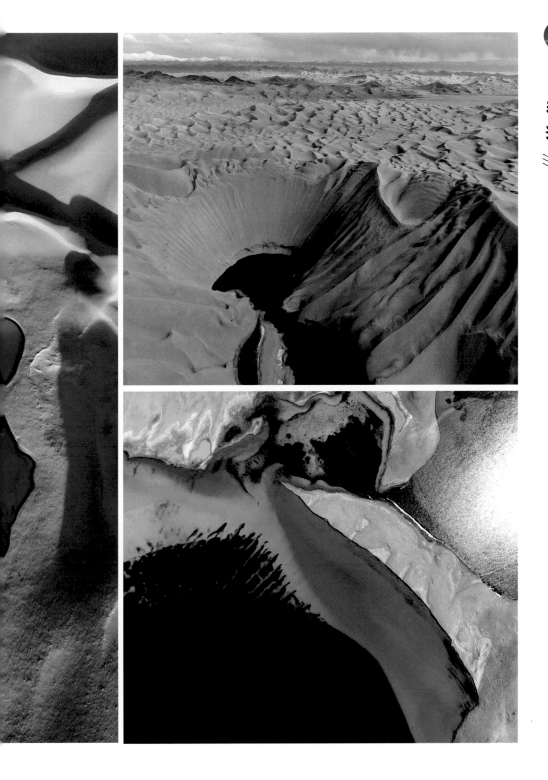

托克逊后沟

▲ 图木舒克沙山胡杨

△ 伊吾胡杨林

△ 伊吾沙漠胡杨